WAS IST WAS

学习源自好奇 科学改变未来

WAS IST WAS

未来能源
让世界更绿动

探索月球
神秘而强大

神奇地球
蔚蓝的家园

神秘机器人
人工智能和超级好帮手

奇妙的人体
大自然的奇迹

深海之谜
生机勃勃的黑暗国度

太空之旅
深入宇宙的探险

走进热带雨林
地球的绿色宝藏

宇宙中的星体
打开探索宇宙的大门

伟大的发明
天才与灵感的杰作

神奇的火车
追寻铁路通向未来

沙漠之旅
炎热、绿洲和无尽的沙方

显微镜探秘
肉眼看不见的微小世界

野生动物
从未被驯服的野性

奇趣萌宠
人类的好朋友

鸟类不简单
天空中的杂技课员

神秘的古埃及
尼罗河畔的金色帝国

印第安人
北美原住民

伟大的探险家
跟随他们的脚步，探索全世界

未来世界
一切都在变化之中

蛇的故事
拥有敏锐感官的猎手

考古探秘
发掘历史的宝藏

马的生活
人类忠实的伙伴

舞蹈的魅力
合拍起舞

生物质资源
植物动力引领未来

石器时代
火的控制与使用

第一辑·全10册
第二辑·全10册
第三辑·全10册
第四辑·全10册
第五辑·全10册
第六辑·全10册
第七辑·全8册

U0182191

WAS
IST
WAS
珍藏版

探索月球

神秘而强大

[德] 曼弗雷德·鲍尔／著   赖雅静／译

航空工业出版社

方便区分出不同的主题！

真相大搜查

4

8 撞击坑和环形山构成月球的特征。

登月大冒险：能否一切顺利？

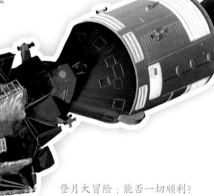

15 这种粪金龟和月球到底有什么关系？

18 人类的探测器曾经造访过土星的某颗卫星。

25 探访月球需要动力强大的火箭才行。

符号箭头▶
代表内容特别有趣！

27
苏联人尤里·加加林成为首个进入太空的人类。这场登月竞赛，到底谁能获得胜利？

32 人类首次踏上其他星球。

43
更新的空间探测器解开许多月球的谜团。

重要名词解释

撞击坑和岩石块迫使航天员
寻找其他降落地点。

老鹰号

巴兹

月球

老鹰
展翅

1969 年 7 月 20 日,迈克尔·柯林斯,巴兹·奥尔德林和尼尔·阿姆斯特朗 3 名美国航天员乘坐宇宙飞船环绕月球,他们的交通工具非常奇特：位于母舰"哥伦比亚号"上的是外形如蜘蛛般的"老鹰号"登月舱。"哥伦比亚号"这个名称是为了纪念发现美洲的克里斯托弗·哥伦布,至于"鹰"则是美国国徽上的图腾。

奥尔德林和阿姆斯特朗进入登月舱,关闭舱口,接着"老鹰号"便脱离母舰,而柯林斯则在沿着轨道飞行的母舰上等候同伴返回。"老鹰号"在 15 千米的飞行高度上以时速 6000 千米的速度行进。登月舱在电脑操控下朝着月球表面前进,最后主发动机让登月舱刹车,逐渐减缓降落速度。

降 落

透过两扇小窗口,航天员看到月球表面越来越近。那里地形险峻,遍布着撞击坑、山岭与岩石,其中有些岩石大如汽车。在这里着陆太危险,"老鹰号"可能会因撞上岩石而翻倒或损坏,而这时登月舱上的电脑也因为负荷过度,正不断发出警告声!

母舰和看似脆弱的登月舱仍然连接在一起,但不久后"老鹰号"便会脱离,朝月球表面下降。

母舰"哥伦比亚号"

"老鹰号"登月舱

手动操控

来到月球表面上方 150 米处时，阿姆斯特朗不再使用计算机，而是手动操控接下来的降落行动。柯林斯负责把所有需要的信息，包括飞行高度及降落月球表面上的速度等通知给他。动力燃料短缺，阿姆斯特朗能达成任务吗？或者必须中断登月行动？万一中断，工程师甚至提前设置了专属的终止钮，只要阿姆斯特朗按下这个钮，登月舱起落架所在的下半部分便会脱离，航天员则搭乘上半部分返回母舰。最糟的情况是，登月舱撞上月球表面，柯林斯只能独自返回地球。

在最后一刻，尼尔·阿姆斯特朗总算找到了降落地点，"老鹰号"长长的影子投射在人类从未碰触过的荒凉月球表面上。

休斯敦屏住呼吸

在休斯敦的地面指挥中心的人们开始紧张起来，阿姆斯特朗只剩几秒钟的时间

"巴兹哥哥"

第二名踏上月球的人全名叫小埃德温·尤金·奥尔德林，但大家都习惯叫他的绰号"巴兹"。小时候，他的妹妹还发不出哥哥（brother）的音，把哥哥叫成了"buzzer"，后来就成了巴兹（Buzz）。1988 年，他干脆正式把名字改成巴兹·奥尔德林，而他母亲叫作玛丽安·穆恩（Marion Moon），"Moon"的意思恰好是"月亮"。

了，但他依然保持冷静，不理会所有的警告声。最后他终于发现了一处平坦的降落地点，让登月舱轻轻着陆，接着关闭发动机，向地面指挥中心报告："这里是宁静海基地。"随着"老鹰号"登月舱在宁静海着陆，位于休斯敦的工作人员也终于松了一口气。

任务尚未成功

航天员立刻着手准备，让登月舱可以随时起飞，因为谁都不知道接下来会发生什么事，说不定很快就得离开月球了。上升发动机的动力燃料供给有可能受损，登月舱也可能会缓缓沉入月球表面的尘土里，到时只有紧急起飞才救得了他们。他们不时透过三角形舱窗匆匆向外张望，见到登月舱投射到月表上的影子。阿姆斯特朗和奥尔德林即将面对人类史上最伟大的冒险，成为首批踏上其他天体的人类。

"阿波罗 11 号"的航天员（由左至右）：尼尔·阿姆斯特朗、迈克尔·柯林斯和巴兹·奥尔德林。

阿姆斯特朗和奥尔德林朝月球表面降落时，柯林斯独自环绕月球飞行。

用肉眼观察

月亮的形状不断变化着，有时薄如镰刀，有时是半圆形，有时则是胖嘟嘟的满月，而满月的亮光，甚至能让我们在户外看报纸呢！但有时月亮又会消失不见，也就是新月。月亮的形状变化是由太阳、地球和月球三者的相对位置决定的。

月亮上的斑点

用肉眼就看得到，月亮上有阴暗和明亮的区域。从前，人们以为阴暗的区域都有海水覆盖，因此把它们称为"月海"，如今我们知道，那是小天体撞击形成的凹陷地区，被岩浆覆盖后形成的。反之，比较明亮的区域则是高地，那里往往山脉绵延，并且遍布着无数的撞击坑，不过这些撞击坑必须用望远镜才能看得见。

我们看不到的部分

月球朝向我们的几乎都是同一面，这和月球的转动方式有关。月球自转一圈正好是一个月的时间，这叫作"潮汐锁定"。实际上，随着月亮的形状变化，我们也能看得到月球背面的一小部分，这种轻微而缓慢的摆动形成"天秤动"。其原因在于月球轨道并不是圆形，而是有些偏椭圆形。另外，月球轴心斜偏几度，所以我们可以看到月球表面的59%，至于月球背面的绝大部分，在地球上是看不到的。

月 球

月球是距离我们最近的天体，距地球的平均距离只有

384401 千米。

相当于一架航空客机大约 400 个小时的飞行路程。不过这只是理论上的，因为在接近真空的宇宙中，机翼没有空气的帮助，发动机也会因缺乏氧气无法点燃，而且航空客机的速度很慢，无法克服地球的引力。

地 球

➡ 你知道吗？

月亮出现在地平线上时，看起来比在天空中大一些，但这不过是一种错觉。

你一定得知道的事

太阳位于太阳系的中心，周围有一群行星沿着椭圆形的轨道环绕着它。地球绕行太阳一周需要 365 天，月球绕行地球一周需要一个月，而地球和月球又都环绕着同一个质量中心旋转。由于地球的质量是月球的 81 倍，所以这个公共质量中心的点位于地球的内部。

月球自己不会发光，只会反射太阳光，所以月球只有朝向太阳的一面才会发光。而在月球绕行地球一周的一个月里，有些时候是我们看不见的那一面被照亮。月球各种不同的样貌被称为月相，而从满月到下一次满月需要 29.5 天。

① 新月：
月球背对着地球的那一面照射到太阳光，月球离太阳近。

② 蛾眉月：
月亮逐渐显露，肉眼能见到月亮被阳光照射那一面的一小部分。

③ 上弦月：
月球绕着地球旋转四分之一周，从地球上看，月亮呈现半月形。

④ 盈凸月：
月亮明亮的部分持续增大。

⑤ 满月：
月亮明亮的部分最大，阳光直接照射在月球朝向我们的一面。

⑥ ⑦ ⑧ 亏凸月、下弦月、残月：
月亮逐渐消减亏缺。

这幅彩色影像显示了月球表面的组成，红色区大多是高地，蓝色到橘色区显示了月海区古老的岩浆，而蓝色区蕴含的钛铁矿则高于橘色区。

月 海

阴暗的月海可能是在最初的 8 亿年左右形成的，当时有巨大的陨星撞击月球表面，留下面积广阔的凹坑，并且有熔岩流入凹坑中，形成月海。

第谷撞击坑

第谷撞击坑有明显的辐射状纹，这些辐射状纹是由部分撞击体和喷出物形成的，最长可达 2000 千米。

坑坑洼洼的外表

用肉眼就能辨识月球上阴暗的月海和比较明亮的高地。在月海区，撞击坑相当少见，在高地区却遍布着撞击坑。月球早期曾经遭到大量陨星强烈撞击，而在月海形成后，这类撞击的次数就减少了，因此月海里的撞击坑明显比高地区少多了。

使用双筒镜（如果用天文望远镜的话效果更好）可以清楚地见到月球上的撞击坑，尤其在明暗交接的边界区，这种景观更是清晰可见，那里的坑缘和山脉投射出了阴影。到了满月时，太阳光垂直照射月球表面，月球表面的景观看起来就比较单调。

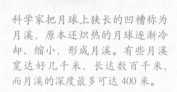

戴维坑链可能是一颗陨星碎裂后，由一连串的碎块连续撞击而成，留下了23处直径1～3千米大小的撞击坑。

这么多撞击坑

单是月球朝向我们的这一面，就有大约30万个直径大于1千米，和234个直径大于100千米的撞击坑。比较晚才形成的撞击坑边缘尖锐，比较古老的撞击坑边缘持续受到较小的陨星与非常小的微陨星撞击而逐渐变钝。月球上的坑穴大多是撞击坑，不是火山口。这些撞击坑有的小到用天文望远镜也看不见，有的大到直径超过2000千米。

科学家把月球上狭长的凹槽称为月溪，原本还炽热的月球逐渐冷却、缩小，形成月溪。有些月溪宽达好几千米，长达数百千米，而月溪的深度最多可达400米。

有东西在流动吗？

月球在形成过程中逐渐冷却，内部缩小，形成了熔岩流和月溪。月球表面也显示，月球只在早期才有剧烈的地质活动，如今大多已经冷却了。月球和地球不同，并没有出现板块构造运动，而目前月球上也没有任何火山活动。月球比地球小得多，所以冷却的速度也快多了。和月球相比，我们的地球简直可以说是一颗火山行星了。

没有防护

没有大气层、水和植物，月球表面也就不会出现风化作用，但持续不断的陨星和微陨星撞击将月球表面逐渐剥蚀，而较弱的引力和强烈的日照则使质量较轻的分子，例如水、氧等散逸到太空中。

代达罗斯撞击坑

这个撞击坑位于月球背面，从地球上是看不到的。照片上撞击坑内梯田般的坑壁和中央峰群清晰可见。

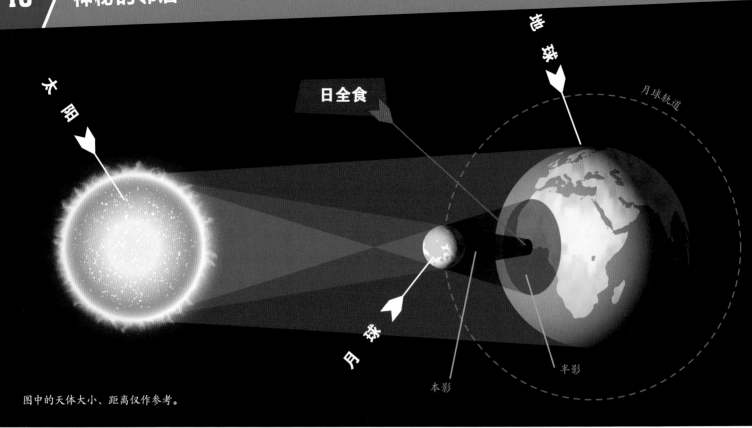

太阳

日全食

地球

月球轨道

月球

本影

半影

图中的天体大小、距离仅作参考。

日食和月食

月球环绕着地球，而地球又和月球共同环绕着太阳。月球绕行地球的轨道与地球绕行太阳的轨道微呈交角，这两个轨道不在同一平面上，因此新月时，月球通常不会将太阳遮蔽。

但也有例外！

只有在太阳、月球和地球位于一条直线上时，才会出现日食。这时月球遮住了太阳，月球的影子则落在地球上。这种情况下出现的日食，太阳会部分或完全被遮蔽，或是呈环状。从前人们不了解日食的成因，他们以为日食预告着灾难即将到来。实际上日食虽然罕见，却是一种可以解释的自然奇观，它何时出现、持续多久也都能准确计算出来。日全食最长可达七分半钟，由于月球在持续移动，最后会再度将太阳"释放"出来。

日全食
只有在月球本影区的人才看得到日全食，在半影区的人只看得到日偏食。日偏食看起来就像太阳的一部分被吃掉了。

如果月球不能完全遮住太阳，就会出现日环食。

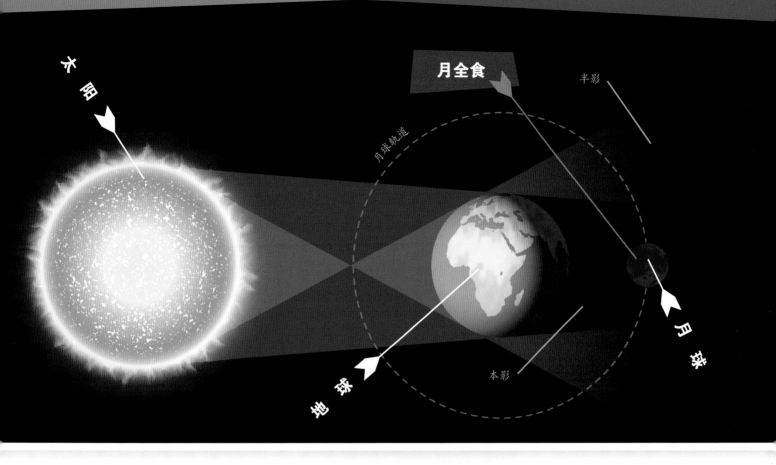

太阳

月全食

半影

月球轨道

地球

本影

月球

小月亮和大太阳

太阳是月球的 400 倍大，和地球的距离恰好也是月球和地球距离的 400 倍。日全食发生的原因，是太阳和月球在天空上看起来直径相同。但由于月球环绕地球的轨道和地球环绕太阳的轨道都不是正圆形，而是椭圆形，所以我们看到的月亮、太阳的大小会出现微小的变化，当比较小的月亮遮蔽比它稍微大些的太阳时，就会出现日环食。

阴暗的月亮

当地球位于太阳和月球中间的直线上，而地球的阴影落在月球上时，就会出现月偏食或是月全食，也就是地球的阴影遮蔽了部分或全部的月球。由于地球比月球大得多，地球落到月球上的阴影比月球大得多，所以月食持续的时间也比日食要久，月全食的时间最长可达 107 分钟。

太阳光在穿过大气层时发生散射和折射，最终到达月球的以波长较长的红光为主。

➡ 你知道吗？

准确来说，并不是月球绕着地球转，而是地球与月球环绕着一个共同的点在转，就像一个又重又胖的男舞者跟一个又轻又小的女舞者手拉着手在转圈跳舞。

没有护目镜可不行！

发生月食时，我们可以直接注视月亮；但日食就不一样了，绝对不能直视太阳，一定要戴上光学护目镜。

潮间带：退潮时，人们可以进入海边的潮间带走动。只是小心，可别被返回的海水阻断去路，不然就回不来了！

月球引力可以使地球面对月球那一边的海平面升高。

潮汐电站：一座架设在河口上的水电站，利用涨潮或退潮时水流的力量驱动涡轮，产生电力。

月球的力量

知识加油站

▶ 潮汐使地球转动的速度变慢，45 亿年前地球形成时，一天只有约 4 小时，如今却有 24 小时。

▶ 6.2 亿年后，地球上的一天会变得跟月球的一样长，同样是 27.3 小时，到时候地球会永远以同一面朝向月球。

月球直径 3476 千米，算是相当大的星球，所以天文学家把地球和月球系统称为"双行星"。地球的质量是月球的 81.3 倍，而地球与月球的平均距离为 38.44 万千米，相对来说距离相当近，因此地球和月球可以说是彼此强烈影响的伙伴。

我牵引你的水……

月球引力拉扯着地球，甚至可以让海水上升好几米，形成一座朝月球方向高涨的潮汐隆起。另一座潮汐隆起则恰好出现在地球的另一边，是由离心力形成的。这是因为地球和月球一样，都绕着"地球—月球"这个双行星系统的质量中心旋转。地球轨道虽然小多了，但地球旋转时，也会把水往外抛甩，这便是另一座潮汐隆起的成因。

地球每 24 小时绕着自己的轴转动一周，在这两座潮汐隆起的下方旋转，并且在一日之中形成两次退潮（较低的水位）和两次涨潮（较高的水位），这种现象又叫作月球潮汐。

……也牵引你的地面

我们不只能在海洋或其他水域见到潮汐现象，就连看似坚实的地壳也会因为月球引力的作用而升高，这种"固体潮"引起的地表径向位移可达 40 厘米。

太阳 太阳

月球潮汐：
　　潮汐主要是由月球引力引起的，由此形成两座潮汐隆起，一座位于朝向月球的一边，另一座位于地球的另一边，地球就在这两处潮汐隆起下方自转。

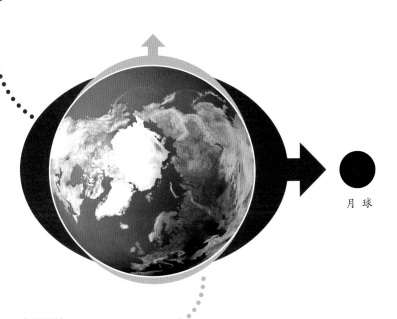

月球

月球

太阳潮汐：
　　太阳的引力也会使海水升高，但由于太阳离地球太远，引力较弱。当月球与太阳的相对位置呈直角时，它们的引力产生的影响较小，涨潮和退潮的差别也较小。

大　潮：
　　太阳引力和月球引力的作用相加，使潮汐的差异变得特别大。

月球潮汐和太阳潮汐的相互作用，产生或大或小的潮汐现象。

地球对月球有什么影响？

　　地球引力也会对月球造成影响，在过去的岁月里，这种力量使月球绕着自己的轴旋转时，表面也会产生潮汐现象。月球表面在地球的影响下升高、下降，将许多能量转化为摩擦力，使月球的转速越来越慢，最后自转一圈恰好需要一个月，因此朝向地球的永远是同一面。我们必须将空间探测器和航天员送往月球，才能见到月球的背面。

风暴潮是由热带风暴、温带气旋或冷锋过境等天气过程引起的海面异常升高或降低的现象。风暴潮至浅水域猛烈增强，一般可高达数米。若风暴潮遭遇天文大潮，引起的海面升高则更加严重。风暴潮会将海水卷入海湾和河流，淹没陆地。

有你真好！

观赏月亮的变化很有趣，月球的存在对我们来说也是一件好事。月球引力使地轴稳定，在 4 万年的周期里只微微摆动了 1.3 度。如果没有月球，地球便会大幅摇摆，地轴会以 85 度角来回摆荡，造成严重的后果：气候会出现急剧的变化，气候带也会快速移动，原来青翠的草地和森林，很快就成了沙漠；今日冰封的极地，也可能长出热带雨林。如果没有月球，生命的演化一定会大不相同，会发展出和今日截然不同的动物界和植物界。假使没有月球，一颗"摇摆的地球"能否出现人类，都将会是个大问号。

月球刹车器

有两座潮汐隆起环绕着地球，其中一个朝向月球，另一个在地球另一面。地球被这两个由水形成的"刹车"包裹着，并且不断制约着，有月球真好！假使地球没有月球，少了这种制动力，现在地球上的一天将会只有 8 小时，不只一天内的时间变短，地球上空也会不断有飓风经过。这样的生活条件一点也不适合人类这种直立行走的两条腿生物，但是体形矮壮、有着厚实盾甲、肺部强有力的动物，倒是有可能受得了这种风暴。

月球和动物

许多海滨动物或海洋动物已经适应了潮汐的变化，能配合潮汐的变化生活。雌性沙真银汉鱼在满月或新月时，会让特别强大的涨潮力将自己冲上岸产卵。珊瑚虫固定着无法移动，但它们会在特定的满月之夜，把卵囊和精囊推进海中。这种行动必须同时进行，繁殖才能成功。在南太平洋的斐济群岛和萨摩亚群岛，会出现一年一度的一种大自然奇观：在 10 月或 11 月间的夜里会有罕见的海洋生物"矶沙蚕"现身。这种细瘦的、长度大约 60 厘米的环节动物平时栖息在珊瑚礁，但在这段时期的某个夜晚，会有上百万只矶沙蚕浮到海面繁殖。准确来说，浮到海面上的并不是整只矶沙蚕，而是充满卵子或精子的身体后半部（视雌雄而定）。这段身体何时脱落是根据月亮的圆缺，它们的繁殖是以

月光导航系统

包括蛾在内的许多昆虫都是靠月光辨识方向的，它们飞行时会让月光总是以同样的方向照射自己的眼睛，从而能以直线前进。月球距离我们非常遥远，因此这个办法相当好用，但一般的灯光距离太近；这时，靠光辨识方向的习性则会导致蛾不断接近灯光，最后扑向灯火。

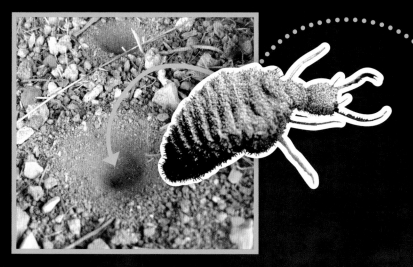

不是蚂蚁也不是狮子

蚁狮是一种脉翅目蚁蛉科昆虫的幼虫，常常会躲在沙地上的漏斗状陷阱里。一旦有昆虫进入陷阱，陷阱里的沙粒会纷纷撒落，蚁狮便用沙子将入侵的昆虫击落，用钳子逮住它们，再将毒液和消化液注入它们体内，吸食猎物的体液。蚁狮漏斗状陷阱的大小会依据月相而改变。月圆前后，陷阱特别大。

月相为依据的。另外，寿命特别短的昆虫也必须同时孵化，才能利用短暂的时间迅速繁殖，这时月亮就像一座时钟，能告诉它们什么时机最合适。生物学家已知的会受到月亮影响的动物有 600 多种。

人也会受月亮影响？

有的认为自己的生活会受到月亮的影响。月相并不会干扰睡眠，也不会影响手术成功率的高低，更不会影响伤口愈合。需要比满月时强上 900 倍的月光，才能对

褪黑素这种影响睡眠的激素造成较严重的干扰。有人认为月圆时睡得较差，这种现象可以解释为：当夜里醒来时，满月比蛾眉月更容易让人察觉。难怪人们会把睡不好跟满月联想在一起。

追随月亮

月光照耀时，黄金龟会走直线滚动粪球；月亮被云层遮蔽时，它们就只能蜿蜒爬行。月亮反射的太阳光会依特定方向产生偏振，黄金龟就是依照这种光行动的。在没有月亮的夜晚，黄金龟会利用银河导航。

惧怕月光的夜行猎手

狮子喜欢在夜间掠食，但满月时，狮子的猎物能轻易发现它们的踪迹，及时逃跑，因此满月会让狮子饿肚子。为了能在新月时还能看得非常清楚，狮子的眼睛特别敏锐。狮子的视网膜后方有感光细胞组成的反射层，猫的眼睛会发出鬼魅般的光，便是这种反射层的作用。

宇宙大碰撞是现在关于月球诞生最可能的解释。大约45亿年前，大小和火星差不多的星子忒伊亚与当时还年幼的原始地球相互撞击，所形成的残骸汇集在一起形成如今的月球。

地球的卫星是如何形成的？

计算机模拟显示，数量庞大的岩石、尘埃和气体被抛甩到太空中。这些物质一部分逃离了地球引力，一部分又落回地球上，还有一部分则被地球的重力场俘虏，成为碎屑环。

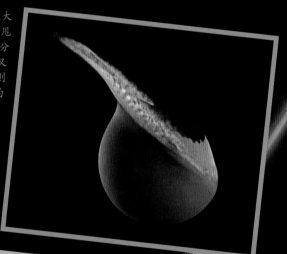

在短短100年内，这个碎屑环便形成了地球炽热的伙伴，而它的重力也吸引了越来越多的物质。同时，持续有岩块如同爆炸般撞击逐渐增大的月球。这时月球表面是由炽热的液态熔岩组成的，和地球同样炽热。

地球有个异常大的卫星——月球。好长一段时间，科学家都无法解释，地球怎么会有这么巨大的伙伴。他们提出三种理论，第一种理论是，地球和月球由同一团尘埃云团形成。第二种理论是，月球是地球快速旋转时，从今日太平洋所在的位置抛甩出来的。但太平洋形成的时间才7000万年，而且是后来地壳推移形成的，所以这种说法无法成立。第三种理论认为月球是在别的地方形成，后来才被地球"俘虏"了。"阿波罗计划"的结果显示，这三种理论都不正确，月球应该是以其他方式形成的。

➜ 你知道吗？

月球地质学家将撞击坑分为初级撞击坑和次级撞击坑。如果有大陨星撞击月球表面，就会在撞击地点形成初级撞击坑。而随着陨星爆炸性的蒸发，月球地底下的物质会扬起，新形成的撞击坑边缘的环状层则沉降，在较大型的岩块撞击月球表面的地方，形成较小的撞击坑，也就是次级撞击坑。

月球的诞生

45.67 亿年前，一团巨大的气体和尘埃组成的分子云引力坍缩，形成了太阳，而包含我们所居住的地球在内，一群环绕着太阳的行星和其他天体也同时形成。而在地球只有 5000 万岁，还只是宇宙中的一个小宝宝时，一颗大小和火星差不多的天体忒伊亚在行经地球轨道时和地球相撞。这次撞击原本可能使地球毁灭，幸亏忒伊亚并没有正面撞击当时还年幼的原始地球，只是擦撞过去，并且将大量的岩石物质抛甩到太空中，月球就是这些碎块形成的。

月亮的外观

大约 45 亿年前，液态的月岩逐渐变成最初的固态岩石，较重的下沉，较轻的在上方漂浮，形成月壳。直到 38.5 亿年前，月球表面经常受到小行星与陨星的剧烈撞击，形成许多撞击坑，一些大型的小行星更留下了巨大的撞击坑。30 亿年前，月球火山活动仍然非常活跃，岩浆从月球内部涌出，填塞撞击坑。后来月球继续冷却，到了 80 万年前，月球火山活动才终止，但在陨星和直径小于 1 毫米的微陨星不断撞击下，月球表面的岩石被撞得粉碎，这种灰色尘埃或砂粒被称为月球表岩屑。如今，月球表面已经覆盖了一层数米厚的表岩屑了。

撞击坑的形成

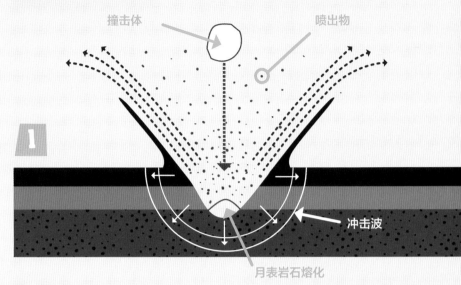

撞 击

几乎所有月球上的撞击坑都是因为彗星、小行星或陨星的撞击而形成的。撞击体蒸发，月表岩石熔化，固态、液态和气态物质也会喷溅出来。

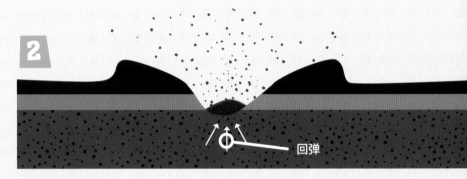

过渡撞击坑

撞击坑的喷出物大多会回落，并且在撞击坑外围形成环状层。如果是较复杂的撞击坑，坑的中央会出现回弹现象，形成一座或数座中央峰。

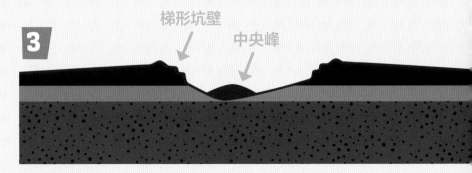

最终撞击坑

陡峭、不稳定的撞击坑壁塌陷，将部分撞击坑回填，形成一个比较平坦的大撞击坑，有着梯形坑壁，中央也出现一座中央峰。

月球的兄弟姐妹

卫星是伴随着行星的天体，卫星较小，而且大多和它们所伴随的行星同时诞生，但也有少数卫星是被行星的重力场俘虏的。太阳系中的卫星已经超过 200 颗，这还只是太阳系八大行星的卫星，并没有将环绕着矮行星或小行星的卫星计算在内。每隔一段时间，我们就会发现太阳系里的新卫星，有许多卫星的外表和我们的月球截然不同。太阳系中，只有水星和金星没有卫星。至于木星和土星这两颗气态行星，则拥有许多颗卫星。

大又近

太阳系中只有为数不多的几颗卫星比月球还大，但这些卫星跟它们的行星相比，仍然显得非常微小。月球不只比较大，距离地球也很近，平均距离只有 38.44 万千米，我们用肉眼就看得到月球表面的特征。木星或土星和它们的大型卫星相距都超过 100 万千米，从这两颗行星上看，这些卫星就成了微小的盘状物，当然更看不到那里的情况了。但空间探测器显示，某些卫星有着特别值得注意的特点：木星的一号卫星上有气体喷泉涌出，其他卫星有的蕴含着有机分子、水，甚至海洋，值得我们去探寻那里的生命迹象。

冰卫星

土星的七号卫星主要是由水冰和些许岩石组成的，土卫七的表面布满深深的撞击坑，看起来就像海绵一样。土卫七形状不规则，在太空中摇摇晃晃地转动着。

登上土星的卫星

空间探测器"卡西尼号"飞行 7 年才抵达土星。2005 年，"惠更斯号"探测器脱离母船"卡西尼号"，进入土星最大的卫星——土卫六的大气层。最后一段旅程是悬吊在降落伞上完成的，并且拍摄到了有着甲烷湖的土卫六表面。

卫星有多少?

金星:
0

水星:
0

地球:
1

火星:
2

木星:
95

土星:
146

天王星:
27

海王星:
16

外围的4颗气态行星拥有数量较多的卫星,岩石行星中只有火星和地球拥有卫星。

涵泳机器人

穿冰机器人

最佳搭档

　　木星的二号、三号和四号卫星在厚厚的表层下可能存在着海洋,而土星的二号卫星拥有海洋的可能性特别高,那里曾发现有间歇泉,科学家考虑要发射探测器前往这种冰质卫星海。穿冰机器人能降落在冰质表面,将可能厚达好几千米的冰层融穿,抵达海洋,并且释放出涵泳机器人,让涵泳机器人独力探测海洋,说不定还能发现生命迹象呢!

不同凡响的卫星

　　月球是地球的卫星,它的表面相当荒凉。但月球直径为3476千米,算是比较大的卫星了。月球的大小,加上它与地球的距离,使得月球对地球的影响远远大于其他卫星对那些行星的影响(图中的距离并不是实际比例)。

月　球

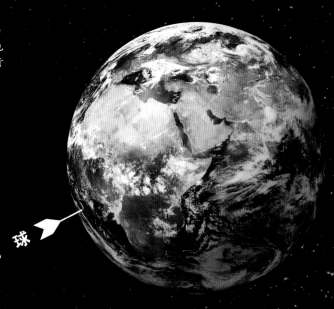
地　球

观察月亮，探测月亮

数千年前，人类还过着狩猎和采集生活时，就开始观察月亮了。月亮为石器时代的游牧者指引道路并且照亮黑夜。月亮在天空上行走的路径和月相变化，能激发人们想象出精彩的故事，而石器时代的人类认为月亮很可能是力量强大的神祇。

星象盘

这个 3600 年前的青铜盘是在德国的内布拉附近发现的，上头呈现出已知的最古老的宇宙图像：以黄金嵌出镰刀状的蛾眉月和可能是满月或太阳的图像，以及 32 颗星辰。青铜器时代的人可能用这个星象盘决定什么时候该播种谷物。

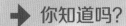

你知道吗？

关于月亮还曾发生过一场大骗局。1835 年有一名记者报道，利用新式的天文望远镜，有人观测到月球上有森林、水牛群，还有会飞行的罕见生物等，当时有许多人对这则捏造出来的报道都信以为真。

月神"辛"

这块公元前 12 世纪的界石显示，对于生活在幼发拉底河与底格里斯河之间的两河流域的人类来说，月亮有多么重要。界石上显示一名巴比伦国王带领女儿来到一名女神面前，上方则是星星、月亮和太阳。巴比伦人便是用这样的石块来标示边界的。

从神到天体

　　人类开始定居，并且开始过着农耕生活后，正确的时刻对于谷类的播种与收获非常重要，这时"月"历能帮助他们。而对古希腊和古罗马人而言，月亮在众神的世界里扮演着非常重要的角色，罗马人的月亮女神露娜（Luna），形象上的特征就是她头上戴着的镰状月，而德文里"lunar"这个词便是源自"Luna"，意思是与月亮有关的。月亮是夜晚的天然光源，因此有时露娜手上也会握着一把火炬。世上第一位使用天文望远镜的学者是意大利的伽利略·伽利雷，当他用望远镜瞄准月亮时，看到的不是一位女神，而是一颗遍布着撞击坑和山脉的天体。

谁绕着谁转？

　　尼古拉·哥白尼（1473—1543）不顾教会的反对，提出太阳为宇宙中心的"日心说"，认为宇宙的中心不是地球，而是太阳，其他行星都环绕着太阳转动。

石器时代的天文台

　　约4300年前，新石器时代的人类开始建造巨石阵，并用来观察日月星辰，测算出一年里的重要数据。巨石阵是当时的圣地。

鹮首人身的神——托特

　　古埃及人认为托特发明文字，并且创造了天空、星辰与地球。利用月历能计算出每年尼罗河泛滥的时间，这对古埃及人非常重要。

探访
月球

罗伯特·戈达德

建造了人类史上第一枚液体燃料火箭，这枚火箭飞不久并且飞不高，外表也不像今天的火箭，但在后来不到50年的时间里，火箭就把人类送上月球了。

月球2号

1959 年 9 月 14 日，苏联月球探测器"月球2号"抵达月球，并且依照原定计划降落月球表面，成为首架抵达月球的空间探测器。不久后的1959年10月4日，"月球3号"升空，环绕月球，传回当时人类从没见过的月球背面的照片。

阿波罗15、16与17号

"阿波罗计划"的最后3艘宇宙飞船，它们各自运载了一辆月球车。为了节省空间，这些车必须先折叠起来，使用前再摊开来。月球车的电池足够行走约90千米，能扩大航天员的行动范围。

 1926　 **1959**　**1971–1972**

1945　　**1968**　**1969**

沃纳·冯·布劳恩

第二次世界大战期间，德裔科学家沃纳·冯·布劳恩为德国建造了声名狼藉的 V-2 火箭。战争结束后，他改而为美国研发越来越强大的新式火箭，计划将人造卫星与人类送往太空。

阿波罗8号

弗兰克·博尔曼、吉姆·洛威尔与威廉·安德斯在12月24日抵达月球附近，成为史上首次从112千米外见到月球背面的人类。

阿波罗11号

"'老鹰号'成功着陆！"这是"阿波罗11号"宇宙飞船的登月舱"老鹰号"在月球着陆时，尼尔·阿姆斯特朗所说的话。阿姆斯特朗是第一个踏上月球的人类，紧接着，巴兹·奥尔德林也步出登月舱。这场登月竞赛美国胜出，他们俩也立刻在月球土地上插上美国国旗。而仅仅一天后，苏联的无人月球探测器"月球15号"就在月球上撞碎了。

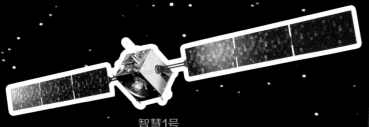

智慧1号

现在欧洲也加入探月俱乐部了。欧洲空间局发射无人驾驶的"智慧1号"探测器环绕月球，测试新型的离子推进器。后米陆续推出"智慧2号""智慧3号"。

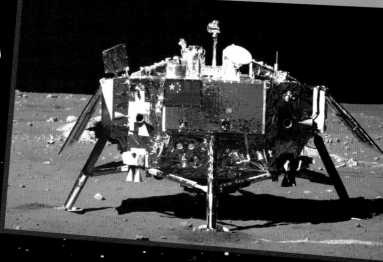

月船1号+月球撞击探测器

印度发射一架无人探测器，这架探测器环绕月球3400多次，并且让月球撞击探测器脱离后，依照原定计划在控制下朝月球表面降落撞击。

嫦娥三号+玉兔号

现在月球上也有"兔子"了。12月14日，中国的月球探测器"嫦娥三号"在雨海软着陆。8小时后，月球车"玉兔"也缓缓来到月球上。

克莱门汀号

经过20多年的休息，美国的探测器再度飞向月球。"克莱门汀号"的雷达侦测显示：月球南极的撞击坑似乎存在着水冰。

1994　　　2003　　2008　　　　2013

1990　　　　1998　　　　　2012　　2020

飞天号

1月，日本从种子岛宇宙中心发射"飞天号"探测器。"飞天号"沿着一圈扁长的椭圆形轨道环绕月球，并且发射较小的子探测器"羽衣号"。可惜后来人们与这枚迷你人造卫星的无线通信失联，但日本人已经够欢欣鼓舞了。

月球勘探者号

"月球勘探者号"自1998年1月起环绕月球19个月，研究月球表面的化学组成、测量月球重力场，并且希望能证实"克莱门汀号"对月球上有水的猜测。

圣杯号A与圣杯号B

这两架美国的姐妹探测器环绕着月球，它们的大小有如一台洗衣机，共同探测月球的重力场。哪里重力较强？哪里较弱？12月17日，这两架探测器在月球北极附近撞击月球，结束任务。

长征2F火箭

11月24日凌晨4时30分，中国探月工程"嫦娥五号"探测器在海南文昌航天发射场顺利升空。这是中国探月工程第六次任务，也是中国航天领域迄今最复杂、难度最大的任务之一。2024年5月3日，"嫦娥六号"成功发射。

航天员的装备

登陆月球首先必须研发出世界上最强大的火箭作为交通工具。宇宙飞船位于火箭前端，将航天员安全送往月球。另外，在地球上则有超大型的计算机计算飞行路径及启动各个火箭发动机。不过，早期宇宙飞船上的计算机，效能其实还低于我们现在的手机。

航天员的装备：工具、摄影机和其他小型器材，都是专为航天员在月球上的任务而研发的。

穿戴式宇宙飞船

"阿波罗号"的航天服可以说是一种"个人宇宙飞船"，能保护航天员不受寒热和外层真空环境的伤害，还能提供人体可承受的气候环境，阻绝危险的紫外线，甚至小陨星等的伤害。而背部的维生系统还具有供应航天员所需的氧气等功能。如果没有穿上航天服就离开宇宙飞船，15秒钟后航天员就会失去意识。

在太空或月球上，航天员必须穿着航天服才能活命。

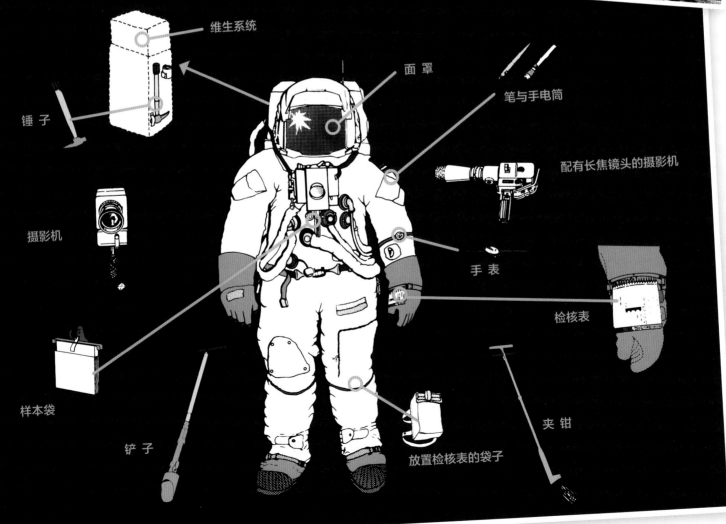

维生系统

面罩

笔与手电筒

锤子

配有长焦镜头的摄影机

摄影机

手表

检核表

样本袋

夹钳

铲子

放置检核表的袋子

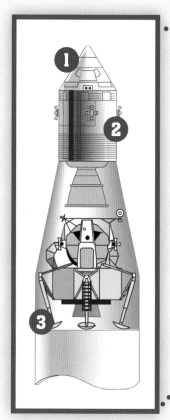

准备发射的"阿波罗号"宇宙飞船。指令舱和服务舱已经联结，登月舱还在第三节上端的适配器中。

① 指令舱
3 名航天员在这里。

② 服务舱
供应指令舱所需物品，并且与指令舱连接，直到重返地球大气层。

③ 登月转接器
位于第三节与服务舱之间，两节式的登月舱就在这里。

救生塔
发射时万一出事，这架小火箭可载送航天员的座舱离开危险区。

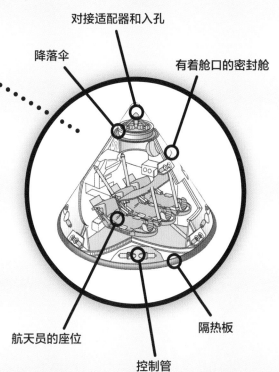

对接适配器和入孔

降落伞

有着舱口的密封舱

航天员的座位

控制管

隔热板

圆锥状的指令舱高 3.5 米，仪表板上有 24 种指示标志，70 多个灯和 560 个开关与操纵杆。发射时，3 名航天员仰躺在座位上，这样才受得了巨大的加速度。

111 米

第 3 级

第 2 级

第 1 级

三级式的"土星 5 号"火箭连同救生塔共计 111 米，包括燃料重约 3000 吨。

空气力学安定板

燃料槽

第一与第二级火箭分别由 5 台强力火箭发动机推动。火箭燃料用完时，就将那节火箭抛弃，以减少重量和燃料耗费。第三节火箭只有 1 台小发动机，燃料会在发动机的燃烧室中燃烧，利用排出的炽热燃烧气体推动火箭前进。

燃料及液态氧供应

F1火箭发动机

1975年：阿波罗—联盟测试计划

空中的欢乐大结局！1975年，一艘美国的"阿波罗"宇宙飞船和一艘苏联的"联盟号"宇宙飞船连接成功，苏联航天员阿列克谢·列昂诺夫与美国航天员迪克·斯雷顿互相交换礼物，并且联手进行实验。

第一次向人类揭露的登月行动。虽没有载人，苏联的月球探测器月球9号于2月3日在月球上着陆。这是美国的下一步。

7 ## 1966年：月球探测器月球9号

6 ## 1965年6月3日：爱德华·怀特

"双子星4号"宇宙飞船。美国人再次居居第二。6月3日，爱德华·怀特在太空中飘浮。舱外的任务非常重要，这样才能确保险危急时，航天员能修复宇宙飞船。

8 ## 1966年3月17日：双子星8号

"双子星8号"和"阿金纳"火箭上面级对接，这是登月任务中非常重要的一项行动。这一次美国超越苏联，在登月竞赛中取得领先地位。

10 ## 1969年：阿波罗11号

尼尔·阿姆斯特朗和巴兹·奥尔德林登临月球，美国赢得这场竞赛。从此时起一直到1972年，美国陆续进行了5次登月行动。苏联在两次发射N-1运载火箭的任务失败后，放弃了载人的登月计划。

9 ## 1968年：阿波罗8号

这对美国来说是个欢乐的圣诞节：12月24日，3名美国航天员乘坐宇宙飞船环绕月球。

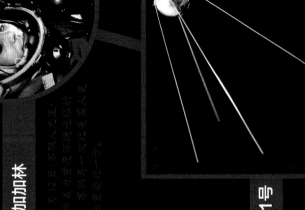

登月竞赛

冷战期间（1946—1991），美国和苏联展开了激烈的太空竞赛，这里是其中几个阶段。

苏联

美国

1 1957年10月：斯普特尼克1号

2

3 1961年：尤里·加加林

4 1961年5月：艾伦·谢泼德

5 1965年：阿列克谢·列昂诺夫

第一颗人造卫星"斯普特尼克1号"在地球轨道上发出无线电信号，虽然只是简单的"哔哔"声，却代表苏联太空竞赛领先。

4月12日，苏联宇航员加加林乘坐东方1号宇宙飞船进入太空，成为第一个进入太空的人，苏联再一次比美国人抢先一步。

美国人大为震惊，这颗人造卫星显示，苏联的火箭技术比美国想象的更加先进。

美国进入太空的第一人，不过艾伦·谢泼德乘坐的飞行高度，连地球轨道都没能到达，而且15分钟后就返回地球了。3星期后，时任美国总统约翰·肯尼迪宣布，在下一个十年结束前，将会有一名美国人登上月球，并且安全返回地球。登月竞赛就此展开。

登月路线图

7 联 结

升空段抵达月球轨道，并且和指令 / 服务舱（CSM）联结。航天员进入指令舱指挥，并且将月球岩石和影像资料存放在指令舱。

6 离开月球升空

两名航天员携带岩石样本进入登月舱上方的升空段，关闭舱口，启动上升发动机，返回月球轨道。登月舱下半部的下降段连同下降发动机则留在月球上。

9 分 离

服务舱分离，指令舱连同隔热板继续飞行并进入地球大气层，摩擦力使指令舱减速。

8 脱 离

登月舱的升空段脱离，随后坠落，撞击月球。服务舱的发动机将 3 名航天员送往地球轨道。回程同样需要 3 天。

5 登陆月球

登月舱在月球表面降落。两名航天员在月球上漫步时，第三名航天员则继续环绕月球。

10 落 水

降落伞张开，减缓降落速度。指令舱掉落在太平洋上，直升机先救出航天员，接着回收指令舱，并且将航天员与指令舱送往航空母舰。

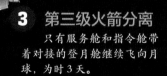

3 第三级火箭分离

只有服务舱和指令舱带着对接的登月舱继续飞向月球，为时 3 天。

1 发射升空

在位于美国的卡纳维拉尔角，三级火箭"土星 5 号"发射升空，有效载荷位于前端，而指令舱、服务舱与登月舱则在第三级。第一、第二级火箭将宇宙飞船连同第三级送往停泊轨道，第三级火箭则将宇宙飞船送往月球轨道。

2 联结登月舱

指令 / 服务舱（CSM）脱离第三级火箭，旋转，并且和登月舱对接。

4 请转车！

宇宙飞船进入月球轨道，两名航天员经由连接隧道进入登月舱。

登陆月球，再返回地球，必须多次改变路径，也需要进行多次联结。这些联结行动之前已经进行过模拟，并且在更早前的阿波罗任务中测试过了。111 米高的"土星 5 号"火箭，最后只剩指令舱回到地球。

美国国家航空和航天局在20世纪60年代初肩负起让人类登陆月球的任务时，还不清楚所需的火箭应该如何设计。当时设想的是一艘巨大的登月火箭，上部分火箭在月球上降落后又再次起飞。如果真是这样的话，一直到20世纪60年代末，在这么短的时间里是无法实现这种巨型火箭的。因此美国国家航空和航天局研发出三级式的大型火箭与一艘小而轻的宇宙飞船。宇宙飞船由指令舱、服务舱和一个轻巧的登月舱组成，但这种方案需要在外层空间执行几项艰难的联结任务。好在，最后证明这种技术确实可行。

登月舱

登月舱运送两名航天员在月球上降落。登月舱构造特别轻，才能将耗费的燃料减到最少。而由于登月舱无须穿越大气层，因此也不需要设计成流线型。发射升空的"阿波罗号"的火箭，在任务最后，只有运送有3名航天员的指令舱返回地球。

➡ 你知道吗？

"阿波罗计划"是以古罗马与古希腊的太阳神阿波罗命名的。据说太阳神是百发百中的弓箭手。

"阿波罗号" 宇宙飞船

指令舱和登月舱连接后，在飞向月球的旅程中，航天员能随意在这两个部分进出。

升空段

为了减轻重量，这里没有座位，航天员在起飞时必须站立，并且系着安全带。

下降段

利用可翻转的发动机，航天员能在月球表面上方悬浮。

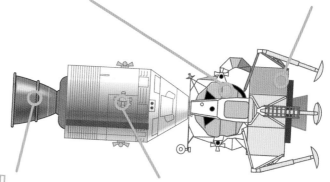

发动机

宇宙飞船倒飞，让发动机在前，刹车进入月球轨道。

服务舱

包含供应指令舱电力的电池、燃料槽和氧气槽等。

浴火凤凰！指令舱再次进入大气层时，外层留下了清晰的摩擦热痕。气球让舱身能在水上直立漂浮。

阿波罗11号的登月之旅

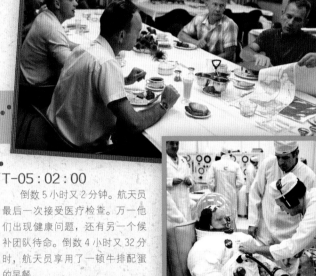

发射前几个月

"土星5号"的零部件分别用船或改装过的飞机运往佛罗里达州的肯尼迪航天中心，在全世界最大的装配大楼组装。最后，再由巨大的起重机将"阿波罗号"宇宙飞船安置在火箭前端。

还剩两个月

火箭连同发射塔运往发射台。巨大无比的履带式牵引机以每小时600米的速度缓慢前进。

T-05：02：00

倒数5小时又2分钟。航天员最后一次接受医疗检查。万一他们出现健康问题，还有另一个候补团队待命。倒数4小时又32分时，航天员享用了一顿牛排配蛋的早餐。

T-03：57：00

航天员在技术人员的协助下，穿上航天服。

大开眼界

"阿波罗号"宇宙飞船里没有厕所，航天员只能包着尿片，用尿袋解决生理问题。固体物都用塑胶袋装起来。

这是一项浩大的工程，总共有40万人参与"阿波罗计划"。要研发出拥有全世界最强大发动机的巨型火箭，还有由指令舱、服务舱和登月舱组成的宇宙飞船。此外，航天服和计算机等都需要被制造、测试。数学家们计算飞行路径，另外还有人研发出太空食品，让航天员能在无重力状况下进食。总之，几乎一切都需要被重新发明。

完全不能靠运气

航天员受过严格的训练，清楚知道这项任务的所有阶段和操作技巧，更在模拟中进行各种故障、事故的处理训练，而且是不断地训练。

"阿波罗8号"已经探访过月球，并且沿着一个近地轨道环绕月球，但这一次的任务并没有运载登月舱。"阿波罗9号"虽然有登月舱，但航天员只在某个地球轨道测试它，并且尝试在舱外任务中试用维生系统。

离月球这么近

"阿波罗10号"首次进行登月舱前往月球的测试飞行。航天员乘坐登月舱"史努比"降落到距月球表面约14千米高的地方，接着又升空了。直到"阿波罗11号"，人类才算真正登陆月球。

T-02：40：00

航天员走向火箭，进入指令舱。检查宇宙飞船和地面指挥中心的通信，进行火箭安全检验，以及宇宙飞船脱离外部能源供应系统。

T-00：00：10

最后10秒倒数计时：10，9，8……启动发动机：7，6，5，4，3……所有发动机高速运转，发射塔与火箭脱离；2，1，0——"发射升空！"火箭仿佛慢动作般从发射台升起。

肯尼迪航天中心负责火箭发射。等到火箭完全通过发射塔，任务就交由位于休斯敦的地面指挥中心。

受邀前来的宾客在贵宾台上观看"阿波罗11号"发射升空。身穿深色西装的是林登·约翰逊，他从前任总统肯尼迪遇刺后担任美国总统直到1969年。

高风险的旅程

尼尔·阿姆斯特朗认为，这项任务失败的概率有50%。而当时的美国总统理查德·尼克松甚至已经请人拟好一篇讲稿，准备在航天员出事回不来时演说。直到官方倒数计时开始时，这项任务最后的结果会如何，都还不明朗。

倒数计时

美国国家航空和航天局用"T-"（数学的"负号"）表示距离火箭发射升空还有多少时间。"T"代表英文的"Take off"（起飞）。

阿波罗11号——人类登陆月球

巴兹·奥尔德林，他的头盔上加了黄金涂料的面甲，反射出登月舱与正在拍照的尼尔·阿姆斯特朗的影像。

APOLLO 11

奥尔德林拍下他在月球上留下的脚印，这大概是全世界最著名的脚印了。

在 1969 年 7 月 20 日，尼尔·阿姆斯特朗和巴兹·奥尔德林乘坐"老鹰号"登月舱朝月球表面下降，这时计算机却因为流入的信息量过大无法处理，使内存负荷过量。目标近在眼前，难道这项任务得就此中断吗？

这时，从休斯敦地面指挥中心传来命令，指示他们继续降落。自动驾驶功能将登月舱驶往巨大的岩块群，接着阿姆斯特朗手动操控，让"老鹰号"越过岩石和碎石地，最后安稳降落。

勘探月球

登月舱的舱门开启，尼尔·阿姆斯特朗走下梯子，他的身上还系着安全带，以免陷入月尘中。他左脚小心翼翼地踏上月球表面，说："这是我的一小步，却是人类的一大步。"

还好没有任何危险，月球表面相当稳固，只覆盖着一层薄薄的粉状尘埃。由于不久就得离去，因此阿姆斯特朗做的第一件事，就是收集一些月球石块。约 20 分钟后，奥尔德林也步出登月舱，两人开始进行实验和拍照，并且收集更多石块，他们总共收集了 21.7 千克——这里指的是石块在地球上的重量。

知识加油站

▶ 只在发射升空、登月着陆和降落海上时，航天员才需要穿着全套太空服。前往月球需要 3 天，但航天员可忙着呢！他们必须检查飞行路线，并且启动小型发动机修正路径，还必须为登月舱着陆进行准备，并且持续通过无线电将照片传回地球。

▶ 安装在登月舱上的自动摄影机将现场影像传回地球，影像质量虽然很差，地球上的 6 亿观众却不在乎，大家都欣喜若狂。

两位伙伴在月球上忙碌时，柯林斯则环绕着月球，拍摄月球表面的影像。

由于月球引力只有地球的六分之一，因此即使身穿沉重的航天服，他们仍然行动自如。两名航天员谨慎地勘探四周环境，这次月球漫步只持续了两个半小时。降落地点、为实验架设的仪器以及他们走过的路径，范围不超过一个足球场大小。

一张发动全球的快照：巴兹·奥尔林正踩着梯子下来，他成为第二个踏上月球的人类。

航天员的
月球车

航天员搭乘登月舱抵达月球、离开月球，而登月舱同时也是他们在月球上的家。阿波罗11、12 和 14 号的航天员必须步行勘探月球，但最后 3 次任务（阿波罗 15、16 与 17 号）都配备了一辆月球车，扩展了航天员的行动能力。

月球车

月球车折叠起来，装在登月舱外，使用前必须先由航天员展开，20 分钟后就能行驶了。这辆双人座越野车有四个轮子，每个轮子各由一台电动机驱动。月球车正式的英文名称是 "Lunar Roving Vehicle"（LRV），有了它，航天员在月球上的活动路程可以达到几千米，但他们最多只会前往能够步行折返登月舱的距离。月球车没有方向盘，也没有加速或刹车踏板，驾驶是通过一个 T 形操纵杆来控制月球车前后、左右移动，而这个操纵杆也能用来刹车。车上的仪器会显示月球车的行车速度、距离，还有爬升时斜坡的坡度。

"阿波罗 17 号"的航天员搭乘月球车行驶了约 35 千米。

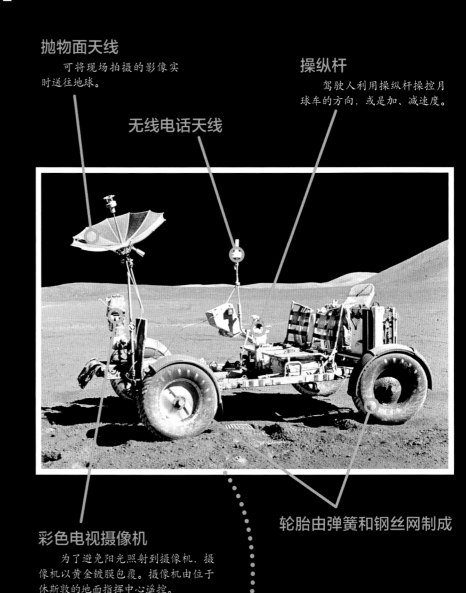

抛物面天线
可将现场拍摄的影像实时送往地球。

无线电话天线

操纵杆
驾驶人利用操纵杆操控月球车的方向，或是加、减速度。

彩色电视摄像机
为了避免阳光照射到摄像机，摄像机以黄金镀膜包覆。摄像机由位于休斯敦的地面指挥中心遥控。

轮胎由弹簧和钢丝网制成

登月舱

登月舱有着细瘦的起落架，外形很像蜘蛛，难怪第一次在太空中测试登月舱时，"阿波罗9号"的航天员把登月舱叫作"蜘蛛"。登月舱不必在大气层中飞行，因此不必设计成流线型，也不必做得太笨重。为了减轻重量，登月舱构造非常轻巧，而为了阻绝热气，还用涂有涂料的金属箔和塑料膜包起来。

➡ 你知道吗？

"阿波罗计划"中，12名航天员徒步外加驾驶月球车，移动的距离加起来大约是100千米。月球车设计的最高时速是13千米，但"阿波罗17号"的尤金·塞尔南曾经猛踩油门，飙到时速18千米，算是月球上非正式的车速纪录保持者。

天　线
和位于休斯敦的地面指挥中心联络用。

雷达天线
用来侦测与指令舱的距离，这对执行任务极为重要。

超短波天线
供航天员彼此交谈，以及和位于休斯敦的地面指挥中心通话用。沟通在太空旅行中极为重要。

联结舱口
在这里和指令舱连接，航天员经由这个通道返回指令舱。

舷　窗
宇宙飞船的舷窗是圆形的，登月舱的则是三角形。

燃料槽
将两份燃料分离，与氦气一起被压进燃烧室自动点火。

前舱门
航天员从登月舱的这个舱口走出来到月球上去。

调节控制喷管
航天员用它来让登月舱转动、转向。在执行任务时非常重要。

梯　子
太空旅行时，每一克的重量都要斤斤计较。这个梯子非常轻巧，如果是在地球上，可能会被航天员的体重压垮。

下降发动机
这个可转动的发动机能减缓登月舱的下降速度。

起落架
缓冲器减缓硬着陆的冲击。

更多阿波罗号宇宙飞船

"阿波罗 11 号"的航天员必须尽快完成在月球上的工作,他们只有两个半小时可以在登月舱外漫步。"阿波罗 14 号"的航天员则停留了九个半小时,而"阿波罗 17 号"的航天员甚至在登月舱外停留了 22 小时。最后三次任务——阿波罗 15 到 17 号,甚至还有月球车可用。1972 年 12 月 14 日,最后两名航天员起飞返回地球。所有"阿波罗计划"的航天员总共有 12 名,其中阿姆斯特朗和奥尔德林两人将名留千古,但其余 10 名登月的航天员,他们的姓名如今只有少数人才知道。原定的阿波罗 18、19 和 20 号的飞行,由于费用过高,最后并没有执行,但这些宇宙飞船有一部分改用在美国在地球轨道建立的第一座"太空实验室"中。

"阿波罗 12 号"(由左往右):皮特·康拉德、理查德·戈尔登和艾伦·宾。前方是实验器材。

阿波罗 12 号

在严重的暴风雨天发射,火箭曾遭闪电击中两次,就连在月球上的降落地点都叫作"风暴洋"。1969 年 11 月,登月舱在这里着陆,皮特·康拉德操控登月舱环绕了好几个撞击坑,最后在距离"测量员 3 号"探测器只有 175 米远的位置降落。"测量员 3 号"于 1967 年在这里着陆。这几位航天员将照相机拆下,完成美国国家航空和航天局给他们的任务:了解电子仪器在高能辐射持续影响下,会产生怎样的变化。

阿波罗 13 号

这一次,登月舱甚至成了"救生艇"。经过 55 小时的航程,在快要抵达月球时,一个短路引发服务舱某座贮氧箱爆炸,航天员座舱的氧气、电流和水的供应损毁,全世界的人都屏住了呼吸。航天员能获救吗?登陆月球已经不可能了,于是航天员进入登月舱,环绕月球,接着返回地球,并且安全降落在海上。"阿波罗 13 号"的任务可说是太空旅行中最成功的一次"挫败"。

"休斯敦,我们出问题了!"在距离地球 32.2 万米远的地方出了状况。

指令长艾伦·谢泼德推着手推车，运送实验器材、工具、铲子、钻子和一架照相机，当然也运载着月球岩石。

阿波罗17号

阿波罗15号

阿波罗12号

阿波罗14号

阿波罗16号

阿波罗11号

阿波罗 14 号

这是当时科学成果最丰硕的一次任务。艾伦·谢泼德利用微小的重力，把两颗高尔夫球打到几百米远的地方。

阿波罗 15 号

之前总是在平坦的月海降落，这次登月舱首次在崎岖不平的高地区着陆，航天员也在月球上停留了将近 3 天。

"阿波罗 15 号"的月球车正式英文名称是 "Lunar Roving Vehicle"（LRV），长 3 米，使航天员的活动半径扩展到数千米。

"阿波罗 16 号"的航天员开心地驾驶着月球车，约翰·杨猛踩油门。由于月球重力很小，车轮不时会离开地面。

阿波罗 16 号

又是一次高地区任务。这次有个重大发现：原先科学家以为，月球上的陆地是由火山活动形成的，如今才知道主要是由陨星撞击产生的撞击岩石形成的。

阿波罗 17 号

这最后一次的任务，由于地质学家哈里森·施密特的加入，终于有科学家登上月球，并且发现了一种橘色物质。研究发现，这种古老的物质是由火山活动形成的，存在已经有 30 多亿年了。

大惊奇！

航天员也得掌握自救技能！月球上还没有修车厂，阿波罗 17 号执行任务时，右后方部分挡泥板断裂，航天员临时用月面图、夹子和胶带修补，这是人类第一次在其他星球上修车。

月球是由什么组成的？

科学家在手套箱里研究月岩。手套箱里充满惰性气体，以免样本遭受到污染。根据月岩的化学组成，能推论月球是如何形成的。在显微镜下，薄薄的月岩切片看起来和地球上的玄武岩相当类似。

　　"阿波罗计划"共有 12 名航天员登陆月球，并且将总计 382 千克的月岩带回地球。许多月岩比地球上的岩石更加古老，最古老的地球岩石才 38 亿年，但最年轻的月岩就已经有 45 亿年的历史。

比黄金和钻石更珍贵

　　这些月岩是美国的国宝，严禁私人买卖，只有其中的一小部分才会分送给世界各地的实验室作为研究用途，或是灌上合成树脂，赠送给其他国家元首。其中 80% 的部分至今都还没有经人研究过，在惰性气体的保护下，保存在美国国家航空和航天局的保险箱里。如果有人一时兴起，在网络上表示有"月岩"出售，美国国家航空和航天局和美国联邦调查局就会找上他。不过，我们倒是有机会合法购买一小块月岩，因为陨星撞击月球时，被抛甩到太空的月球陨星有时也会坠落到地球上。

这块布满裂痕的岩石是在陨星撞击月球时，熔化的物质被抛甩出来而形成的。

大惊奇！

　　月岩偷窃案！2002 年，美国国家航空和航天局的一个保险箱被偷走，里面存放着月岩和某块火星陨星的碎片。为了法律诉讼的需要，美国国家航空和航天局估算这些 285 克重的物质值 1 百万美元。幸好后来又找回了这些岩石碎片。

航天员放置的月震仪能检测月震，利用得出的数据，可以推测月球的内部构造。

美国总统理查德·尼克松曾经将月岩分别送给美国各州以及 136 个国家，如今美国的 10 个州和 90 多个国家已经找不到这份珍贵的礼物了。

荒凉又没有防护？

在人类登上月球前，科学家就知道月球几乎没有大气层，那里不只没有空气可供呼吸，航天员也没有防护，直接暴露在太阳和宇宙深处发射出来的射线中。在地球上则不同，我们有大气层保护，免受危险的紫外线、X 射线和伽马射线等伤害。另外，地球磁场也保护我们免受太阳发射出来的带电粒子伤害，但月球磁场不只微弱得多，而且分布不均，也就少了这种防护作用。

地球怎么会有月球这颗卫星？

地球上不断有物质熔化，并且在其他地点重新形成。月球上已经没有火山活动，因此月球就像一本历史书，让我们有机会一窥太阳系早期的样子和地球形成的过程。透过对月球岩石与月震数据的分析，能解释地球怎么会有月球这颗卫星。

最有可能的是，地球和一颗科学家称之为"忒伊亚"的天体发生一次剧烈撞击，在这次撞击中，"忒伊亚"绝大部分的铁都给了地球，而原始地球和"忒伊亚"最外围的部分也相互混合。这项发现大概是阿波罗任务最重要的成果了。

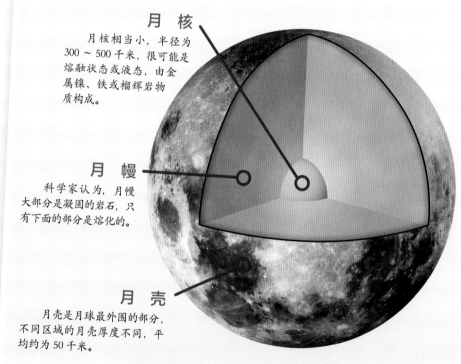

月球内部

一开始，月球上的火山活动频繁，但很快就冷却下来，如今大多已经凝固了。月壳相对较厚，而且连成一体，这一点和相对来说较薄的地壳有很大不同。

月 核
月核相当小，半径为 300～500 千米，很可能是熔融状态或液态，由金属镍、铁或榴辉岩物质构成。

月 幔
科学家认为，月幔大部分是凝固的岩石，只有下面的部分是熔化的。

月 壳
月壳是月球最外围的部分，不同区域的月壳厚度不同，平均约为 50 千米。

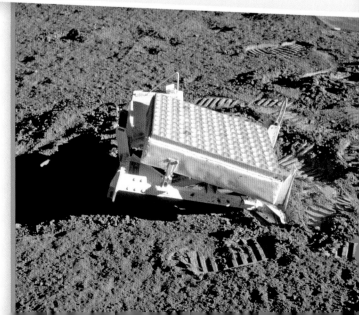

激光反射器。从地球射往月球的激光会被激光反射器反射回地表，利用光走这条路径所需的时间，能准确测出地球与月球之间的距离。也因此，我们会知道月球每年都会远离地球 3.8 厘米。

全都是场大骗局?

人类登陆月球究竟是一项科技大成就,还是只是个大骗局?阴谋论者宣称,登陆月球的行动不过是在地球的某个摄影棚内拍摄的。这种说法如果是正确的,那么所谓的登陆月球,不过只是有史以来最昂贵的影片罢了。有人说这部影片是导演斯坦利·库布里克拍的,他犯下了一些错误,暴露了这个造假行动:有面旗帜在风中飘扬,但这必须在地球上才可能。影片中,物体影像有多重阴影,因此有人认为,这是摄影棚投射灯所导致的。另外,这些月球上的照片,天空中看不见任何星星。不过,针对这些质疑,其实都有一些合理解释。

根据阴谋论者的说法,斯坦利·库布里克通过在位于美国内华达州"地区隐秘的"51区"拍摄了登月场景。

其实是真的!

如果说,人类登上月球是一项科技大成就,那么在摄影棚里假造,将会是更大的成就。当时的电影和动画技术还远远没有发展到能在摄影棚内将"阿波罗计划"呈现得如此令人信服的地步。另外,很多人都能证明,航天员确实

反射器

"阿波罗号"航天员把几架反射器留在月球上,这样就可以利用激光,从地球精准测量地球与月球的距离。

卷起的尘土

一名航天员驾驶月球车,另一名航天员则将过程拍摄下来。地球重力是月球的6倍,车轮不会扬起这么高的沙尘,顶多只会到33.5厘米。至于在月球上,理论上可达220厘米,实际测量到的则是215厘米高。这些尘土证明,这辆车确实在月球上行驶。

到过月球，因为最后 3 次阿波罗任务中，航天员的月球车卷起了大量尘土，而轮胎扬起的月尘要比重力场更强大的地球上的要高多了。而这些，只要是具备一定数学和物理知识的人，都能轻易计算出来。2009 年发射的月球勘测轨道飞行器拍摄到的"阿波罗号"降落地点上，甚至能辨识出航天员的脚印，所以我们可以确定，1969 年 7 月 20 日，人类确实踏上了月球。

知识加油站

▶ 就算是世界上最大、最新式的望远镜也只能见到月球上大小在 30 米以上的物体。登月舱、月球车和其他航天员留下的物品，全都小于 10 米。哈勃空间望远镜主镜直径虽然高达 2.4 米，也看不到登月舱的降落痕迹。

▶ 想见到遗留在月球上的月球车，望远镜主镜的直径必须达到 80 米，这种望远镜目前还没有。

科学家把强大的激光发射到月球上，测量激光抵达反射器，再返回地球所需的时间。2.6 秒钟后，果然有微弱的信号传回来。

漆黑的月球天空
相信人类登陆月球是场大骗局的人认为，影片上月球天空漆黑一片，导演忘了该有星星了。实情是，阳光照射到的月球表面太亮了，航天员拍摄时曝光时间很短，因此光线微弱的星星就无法成像了。

飘扬的旗帜
月球上没有大气层，旗帜不可能飘扬。没错，旗帜不是飘扬，只是抖动。插旗的动作，使旗杆和横杆震动了。

新的月球任务

当 1972 年 "阿波罗 17 号" 的载人登月任务结束后,只有苏联在 1976 年 8 月执行的 "月球 24 号" 无人登月计划引起较大的关注,后来大家对月球的兴趣就逐渐消减。直到 14 年后的 1990 年,月球才又有了从地球来的新访客。这一年,日本的 "飞天号" 探测器抵达一处月球轨道,才又重新唤起世人对月球的兴趣。从此,除了美、俄两国,日本、中国、印度和欧洲也陆续发射探测器到月球。其中有的只环绕月球,有的依照计划撞击月球或是进行软着陆。某些国家,例如美国、俄国、中国、日本、欧洲,甚至马来西亚等则计划进行载人的登月行动。

金色方块

印度在 2008 年发射了月球探测器 "月船 1 号",这个名称的意思就是 "驶向月球的旅程"。探测器上还携带了美国国家航空和航天局、保加利亚和欧洲空间局的设备。

避雷塔

印度的 "极地卫星运载火箭" (PSLV)

姐妹探测器 "圣杯号 A" 与 "圣杯号 B"

自 2012 年起,美国的姐妹探测器 "圣杯号 A" 与 "圣杯号 B" 便开始环绕月球,这两架探测器大小有如一台洗衣机,能准确测量月球的重力场。哪里重力强? 哪里弱? 2012 年 12 月 17 日,这两架探测器依照原定计划在月球北极坠落,完成了使命。

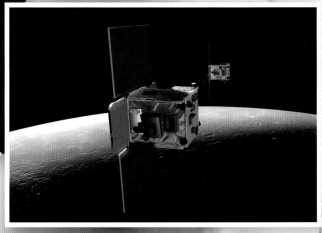

私人探月行动

全世界有好多业余人士组成的团队，制造私人的月球探测器。谁会成为第一个探月成功的呢？谁能让月球车降落在月球上，并且在月球表面行驶？谁能拍摄到某个"阿波罗号"的登月地点？谁能忍受长达 14 天的月球寒夜？有高达百万的奖金等着你来拿！

克莱门汀号发现了冰

1994 年，美国"克莱门汀号"探测器透过不同的彩色滤光片观测月球表面。雷达侦测显示，在月球南极上，终年照射不到阳光的撞击坑里可能有冻结的水。

智慧1号

欧洲也加入了探月俱乐部。2003 年，欧洲空间局的"智慧 1 号"开始环绕月球，进行新型的离子推进器测试。之后又发射了智慧 2 号和 3 号。

➡ 你知道吗？

科技上的大成就！苏联虽然没能让航天员登上月球，但三架"月球号"探测器总共收集了 326 克的月岩带回地球。

月亮公主

日本的新式月球探测器"辉夜姬号"。2007 年"辉夜姬号"运载 13 种装置发射升空，探测器上装载两面附有 41 万人姓名与信息的小板子。

玉兔降落在月球上！

2007 年 10 月，中国发射第一架月球探测器"嫦娥一号"，2013 年 12 月 14 日，一架中国的月球探测器在雨海软着陆，轰动全球。8 小时后，月球车"玉兔二号"离开探测器在月球上行驶，月球车和探测器彼此拍照。

2019 年，"玉兔二号"月球车与"嫦娥四号"着陆器分离，成功踏上月面。

重返月球

在 1972 年"阿波罗 17 号"执行最后一次任务后，人类对月球的兴趣转而变淡。登月任务过于昂贵，人们甚至放弃 3 项原先规划的登月计划。但现在，政治人物、科学家和技术人员又再次希望将人类送上月球，让他们停留更久，并且设置一座月球基地供科学研究使用，

抛物面天线
这种天线通过无线电和地球以及轨道上的宇宙飞船联络，能针对危险的宇宙风暴等提出警告。

太空库房
太空库房能保护材料、器械和交通工具免受飞扬的月尘和微陨星等的破坏，也能存放开采的月岩。

维生系统
矿物工程师穿着航天服在月球上勘探，航天服上有维生系统提供氧气、水等物质。他们的交通工具同时也是临时的住所。

未来更希望能建设一处真正的月球领地。只不过，所有生活所需的食物、能源等，人类都得自给自足。这么庞大的费用，必须由好几个国家共同负担才行。未来说不定也会建造月球旅馆，给富有的月球观光客居住呢！

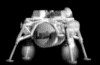

航天员得喝水……

人们推测，在阳光照射不到的月球南北极的月球撞击坑深处有水冰可以提供水。另外，水也可能遍布整个月球表面，储存在月岩的晶体结构中，航天员也许可以从那里取得水。

……也得吃

"阿波罗号"上的航天员往返月球和地球的时间只有一个星期，他们可以精准携带三餐的分量。但如果要为居住上百人的月球领地供应一整年的食物，就得把好几吨的食物带往月球，这样就太过昂贵了。比较便宜的办法是，在月球上的温室里栽种植物，或是在水产养殖场培育藻类。植物生长需要的肥料、二氧化碳、氮、磷和钾，等重要物质必须先运往月球，将来则有可能将这些化学物质加以循环利用，或是从月球取得。

全部都得再利用

为了启动这种循环，首先必须将好几吨的物资运送到月球。沉重的物资，例如陶器、金属等，必须在月球上的工厂生产，这样才能制造太空站和宇宙飞船。这么一来，就能发展出属于自己的月球经济，但这项计划会非常昂贵，需要好几千亿的美元才行。

运输工具
无人驾驶的重型载货车将位于月球轨道宇宙飞船里的材料和车辆运送到月球表面。

生产燃料
利用月球上的水冰，可以提炼出氧和氢，由太空加油站供应给星际宇宙飞船使用。

采矿场和工厂能在月球上生产燃料、氧气、水和钛等，这些都是考察、勘探时需要的物资。

踏上月球
的土地

在6次的阿波罗登月任务中，一共有12名男性航天员踏上月球。许多人认为，这应该是人类史上最伟大的探险行动了。不过，月球本身到底是怎么想的？我们不辞辛劳、不计巨额的花费，把记者送上月球。现在，就让我们听听月球对登月行动的感想吧！

嗨！谢谢你特别抽空接受访问。

我时间多得很。绕着地球旋转这件差事，我轻轻松松就办好了。

关于你的年龄，你会不想谈论这个话题吗？

啊，怎么会！现在大家大概都知道，我已经45亿岁了。就我这个年纪，我还挺帅的。

姓名：月亮
年龄：45亿岁
种类：忠实的卫星
嗜好：转圈圈、戏水

可是你的撞击坑……

那又怎样？每个撞击坑只会让我变得更帅气、更迷人。

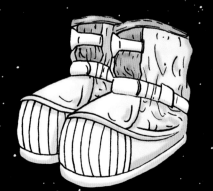

人类登陆月球已经相当久了，如今回想，你有什么特别的感想吗？

1969年，看到阿姆斯特朗和奥尔德林逐渐接近我时，我心想，他们到底会成功还是失败？他们搭乘那种铁皮蜘蛛……

美国的宇宙飞船"月球勘测轨道飞行器"环绕月球，并且从轨道上拍摄"阿波罗11号"的降落地点：深色的细线是尼尔·阿姆斯特朗前往小韦斯特撞击坑时留下的足迹。

老鹰号！那个登月舱叫作老鹰号！

"老鹰号"！真可笑。老鹰哪会那么飞。它摇摇晃晃的，不过最后他们还是成功了。当时我心想，他们挺不赖的，佩服，佩服！

后来，他们两人走出登月舱……你有什么感想？

首先是阿姆斯特朗走出登月舱，还把自己拴住，这个航天员真是个胆小鬼！他很小心地用脚试探了一下……地面很稳固，没有流沙，也没什么特别危险的。

不过总共有两……

接着另一个人也出现了，我看到了一个包着尿布的肥大臀部吃力地从舱口出来。如果你最先看到的，是某个人肥厚的臀部，这种景象你绝对一辈子都忘不了。看到他们在那里跳来跳去，实在很好笑。他们当然踩踏到我了，还好不算太糟。

你是不是也曾想过："我快受不了了！"

我实在搞不懂他们为什么插旗子？他们再次起飞时，旗子又倒下来了。还有，偶尔他们也该派人过来清理清理这里。他们扔在这里的东西真是无奇不有，全都是没人要的，像是靴子、背包，甚至是他们拉在里头的嗯嗯（消声）袋。去别人家的时候，你会做这种事吗？不会吧！

你说的是装固体排泄物的袋子吗？

"固体排泄物"？这说法也太文雅了吧！

你还有什么想说的吗？

当然。我还想说个笑话，我唯一知道的笑话。

我们洗耳恭听！

有两颗行星相遇，其中一颗问："你好吗？"另一颗答："啊，别提了，我得了聪明病！"对方安慰它说："别担心，这种病总有一天会好的。"这笑话不赖吧？

好吧，你觉得好笑就好了……能来这里真的很棒，我很喜欢你的重力场，让人感到轻盈极了！

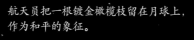

航天员把一根镀金橄榄枝留在月球上，作为和平的象征。

名词解释

小行星：太阳系内类似行星环绕太阳运动，但体积和质量比行星小得多的天体。

天文学：研究宇宙天体、宇宙的结构和发展的学科。

大气层：恒星、行星与卫星的气体外层。

盆 地：四周高且中部低的盆状地形被称为盆地。

地球轨道：指地球围绕太阳运行的路径，大体呈椭圆形。

重 力：天体使物体向该天体表面降落的力。

隔热板：宇宙飞船重新进入地球大气层时，保护宇宙飞船免受摩擦热伤害的保护层。

撞击体：撞击另一物体的物体。

撞击坑：坑壁高起的碗状坑，由陨星撞击形成，又称陨星坑或环形山。

熔 岩：从行星或卫星内部移动到表面的炽热熔化岩石。

岩 浆：指地下熔融或部分熔融的岩石。当岩浆喷出地表后，则被称为熔岩。

月 海：月海是月球上较暗的区域，是凝固的熔岩平原。

微陨星：极小的陨星，但移动速度极快，因此可能导致航天服或宇宙飞船损害。

月球轨道：指月球围绕地球运行的路径，大体呈椭圆形。

月 相：月球沿着自己的轨道环绕地球时，由于阳光照射到的部位不同，看似不断变化的外观。

美国国家航空和航天局：缩写为"NASA"。美国国家航空和航天局的任务之一，是负责阿波罗登月任务，以及火星和其他宇宙天体的探测计划。

轨 道：天体、卫星或宇宙飞船环绕另一天体运行的路径。

多级火箭：大型火箭是由几个部分，也就是不同的"级"组成的，每一级各有自己的发动机。燃料用完的那级火箭会被丢弃，让整个火箭变得越来越轻。

1998 和 1999 年，美国的探测器"月球勘探者号"环绕月球 19 个月，探查月球表面的化学组成，并且测量月球的重力场。

空间探测器：人类送往太空、其他行星、卫星、小行星或彗星，进行探测任务的无人飞行器。也有逐渐接近太阳的空间探测器。

表岩屑：由于陨星、微陨星的撞击，而覆盖在月表上的松散地面物质（如沙、尘等）。表岩屑也可能硬化变得坚实。

月 溪：月球表面上的沟渠状地貌。

自 转：天体绕着自己的轴旋转。

卫 星：天体中的卫星，指的是环绕行星运行的星球。另有环绕某行星或某卫星运行的人造卫星。

月震仪：测量月球上的震动，并加以标示的仪器。

太阳系：太阳以及所有环绕着太阳运行的天体（行星、矮行星、小行星、陨石和彗星等）所构成的系统。

紫外线：一种高能量射线，在肉眼可见的紫色范围以外。

太 空：地球大气层以外的宇宙空间。

矮行星：体积介于行星和小行星之间，围绕恒星运转，质量足以克服固体引力以达到流体静力平衡（近于圆球）形状，没有清空所在轨道上的其他天体，同时不是卫星。

内 容 提 要

　　本书向孩子介绍了地球的神秘邻居月球，介绍了月球的形成、从古至今人类对月球的观测与探访，并着重描述了阿波罗号的登月过程。《德国少年儿童百科知识全书·珍藏版》是一套引进自德国的知名少儿科普读物，内容丰富、门类齐全，内容涉及自然、地理、动物、植物、天文、地质、科技、人文等多个学科领域。本书运用丰富而精美的图片、生动的实例和青少年能够理解的语言来解释复杂的科学现象，非常适合 7 岁以上的孩子阅读。全套图书系统地、全方位地介绍了各个门类的知识，书中体现出德国人严谨的逻辑思维方式，相信对拓宽孩子的知识视野将起到积极作用。

图书在版编目（CIP）数据

探索月球 ／（德）曼弗雷德·鲍尔著 ； 赖雅静译
. -- 北京 ： 航空工业出版社，2021.10（2024.11 重印）
（德国少年儿童百科知识全书 ： 珍藏版）
ISBN 978-7-5165-2751-1

Ⅰ．①探… Ⅱ．①曼… ②赖… Ⅲ．①月球—少儿读物 Ⅳ．① P184-49

中国版本图书馆 CIP 数据核字（2021）第 200052 号

著作权合同登记号
图字 01-2021-4048

Der Mond. Rätselhaft und mächtig
By Dr. Manfred Baur
© 2014 TESSLOFF VERLAG, Nuremberg, Germany, www.tessloff.com
© 2021 Dolphin Media, Ltd., Wuhan, P.R. China
for this edition in the simplified Chinese language
本书中文简体字版权经德国 Tessloff 出版社授予海豚传媒股份有限
公司，由航空工业出版社独家出版发行。

探索月球
Tansuo Yueqiu

航空工业出版社出版发行
（北京市朝阳区京顺路 5 号曙光大厦 C 座四层　100028）
发行部电话：010-85672663　010-85672683
鹤山雅图仕印刷有限公司印刷　　　　全国各地新华书店经售
2021 年 10 月第 1 版　　　　　　　2024 年 11 月第 8 次印刷
开本：889×1194　1/16　　　　　　字数：50 千字
印张：3.5　　　　　　　　　　　　定价：35.00 元

船的故事
永恒未舍的远洋帆船

飞机的秘密
人类飞行的梦想

火山探秘
来自地底的火焰

七大奇迹
上古时期的宝藏

汽车世界
精彩的汽车发展史

鲨鱼家族
海洋里的迅猛猎手

百变天气
阳光、风和暴雨

穿越大自然
探究与保护

鲸和海豚
海洋里的哺乳动物

恐龙王国
远古时代的地球霸主

矿物与岩石
闪闪发亮的宝藏

爬行与两栖动物
蜥虎、棘蜥和巨蟒

大自然的力量
难以估量的威力

改变世界的电
高电压与超导体

各种各样的鱼
水下的奇妙世界

猫的家族
探究柔软如爪的貓捷猎手

奇境森林
动物和植物的天堂

忠诚的狗
四只爪子的英雄

浩瀚宇宙
宇宙的秘密

狼的故事
走进狂野猎食者的领域

蚂蚁和白蚁
了不起的建筑师

美丽的蝴蝶
色彩斑斓的自然精灵

蜜蜂和胡蜂
美妙的蜂蜜与可怕的螫针

潜水的魅力
潜入水下的迷人世界

古老的希腊文明
诸神、英雄和诗人

古罗马生活
古罗马城的社会百态

欧洲风情
人口、国家和文化

骑士时代
城堡、比武大会的真实写作

舞动的音符
音乐背后的奇妙世界

古老的城堡
中世纪的见证

熊的秘密生活
棕熊、大熊猫、北极熊

化石档案
生命的踪迹

奇妙的昆虫
六条腿的生存艺术家

极地世界
生活在冰雪王国

神秘的蜘蛛
丝线上的猎手

大象王国
温和的"巨人"

海底宝藏
沉没的宝藏

海洋之谜
海洋研究与保护

火星登陆
红色星球定居计划

忙碌的农场
动物、植物和农业机械

时尚魅影
时尚的古与今

全球气候
冰期和气候变化